Pocket Therapy for Anxiety:
Quick CBT Skills to Find Calm

应对焦虑

[美] 埃德蒙·伯恩（Edmund Bourne） 著
洛娜·加拉诺（Lorna Garano）
骆琛 译

中国科学技术出版社
·北 京·

POCKET THERAPY FOR ANXIETY: QUICK CBT SKILLS TO FIND CALM By EDMUND J. BOURNE PHD AND LORNA GARANO
Copyright © Edmund Bourne and Lorna Garano, New Harbinger Publications, Inc.5674 Shattuck Avenue, Oakland, CA 94609, www.newharbinger.com
This edition arranged with NEW HARBINGER PUBLICATIONS through BIG APPLE AGENCY, LABUAN, MALAYSIA.
Simplified Chinese edition copyright:
2021 China Science and Technology Press Co., Ltd.
All rights reserved.

北京市版权局著作权合同登记 图字：01-2021-6049。

图书在版编目（CIP）数据

应对焦虑 /（美）埃德蒙·伯恩，（美）洛娜·加拉诺著；骆琛译 . —北京：中国科学技术出版社，2021.12
书名原文：Pocket Therapy for Anxiety: Quick CBT Skills to Find Calm
ISBN 978-7-5046-9269-6

Ⅰ. ①应… Ⅱ. ①埃… ②洛… ③骆… Ⅲ. ①焦虑 - 心理调节 - 通俗读物 Ⅳ. ① B842.6-49

中国版本图书馆 CIP 数据核字（2021）第 219309 号

策划编辑	赵　嵘　戚琨琨	责任编辑	杜凡如
封面设计	马筱琨	版式设计	锋尚设计
责任校对	吕传新	责任印制	李晓霖

出　　版	中国科学技术出版社
发　　行	中国科学技术出版社有限公司发行部
地　　址	北京市海淀区中关村南大街 16 号
邮　　编	100081
发行电话	010-62173865
传　　真	010-62173081
网　　址	http://www.cspbooks.com.cn

开　　本	787mm×1092mm　1/32
字　　数	56 千字
印　　张	4.5
版　　次	2021 年 12 月第 1 版
印　　次	2021 年 12 月第 1 次印刷
印　　刷	北京盛通印刷股份有限公司
书　　号	ISBN 978-7-5046-9269-6 / B·74
定　　价	59.00 元

（凡购买本社图书，如有缺页、倒页、脱页者，本社发行部负责调换）

目录

引言/1

- 第1章　放松身体/11
- 第2章　放松精神/23
- 第3章　现实地思考/35
- 第4章　直面恐惧/53
- 第5章　规律运动/67
- 第6章　合理饮食/81
- 第7章　自我滋养/91
- 第8章　简化生活/101
- 第9章　跳出忧虑的旋涡/109
- 第10章　心理急救策略/121

焦虑管理笔记/133
作者简介/140

引言

这是一本关于如何缓解焦虑的书。它囊括了一整套系统、实用的策略,无论你正被什么样的焦虑困扰,本书都能帮你加深对它的认识,并有效应对。

在开始介绍应对焦虑的策略之前,我们先在引言部分带你快速了解焦虑的本质和种类。

焦虑有多种多样的表现形式。加深对特定类型焦虑的理解,能帮助你认清自己的处境。另外,了解特定焦虑的来由,以及可能使之持续的原因——这些都很重要,有助于你从本书的诸多策略中选出对自己最有用的策略。

应对焦虑

♡ 各种各样的焦虑

生活在这个时代，焦虑在所难免。面对日常生活中层出不穷的突发状况，带着几分焦虑行事是合理的。本书提供的策略适用于所有正在经历正常的、普通的担忧的人（换言之，是我们每一个人），且对患有焦虑谱系障碍的人群也很有帮助。

焦虑影响着你的整体健康状况，它会同时带来生理、行为和心理上的反应。在生理方面，焦虑能导致心跳加快、肌肉紧绷、胃部不适、口干舌燥或冒汗。在行为方面，焦虑能"冻结"你的行动力、表达力，以及部分处理日常事务的能力。在心理方面，焦虑是一种忧虑、不安的状态。在极端情况下，焦虑会使你感到魂不附体，甚至有可怕的濒死感或几欲疯狂的感觉。

由于焦虑能对个体造成多方面的不良影响，因此一套完整的焦虑管理方案必须覆盖生理、行为和心

引言

理三个方面。本书中的认知行为干预技术（cognitive-behavioral skills）将教会你：①减少生理反应；②克服回避行为；③改变那些让你感到担心和忧虑的自我对话。焦虑会以不同的形式和强度出现：从仅有一丝不安，到以心悸、震颤发抖、出汗、头晕、定向障碍和惊恐为指征的惊恐发作（panic attack，又称恐惧症）——焦虑的严重程度大相径庭。与特定情境无关的突如其来的焦虑，被称作自由浮动性焦虑（free-floating anxiety）。在更严重的情况下，它可以发展为自发性惊恐发作（spontaneous panic attack）。如果你的焦虑仅限对特定情境产生反应，这被称作情境性焦虑（situational anxiety）或恐怖性焦虑（phobic anxiety）。情境性焦虑和日常担忧的不同之处在于，前者往往是夸大或脱离现实的。如果你对在高速公路上开车、去看医生或者进入社交场合有超乎寻常的焦虑，这可能是情境性焦虑。当你真的开始回避那些使

应对焦虑

你感到焦虑的情境，情境性焦虑就发展为恐怖性焦虑：你不敢在高速公路上开车、不敢去看医生或者进行社交。换言之，恐怖性焦虑就是持续回避特定情境的情境性焦虑。

通常，仅仅是想起特定情境就足以引发焦虑。当你为预感中可能发生的事感到心烦意乱，不得不面对棘手甚至是可怕的情境时，就产生了预期性焦虑（anticipatory anxiety）。程度较轻的预期性焦虑和普通的担忧没什么区别（担忧可以被定义为预见未来的某个情境将发生不愉快）。但有时，严重的预期性焦虑可以发展成为预期性惊恐（anticipatory panic）。

自发性焦虑或惊恐（spontaneous anxiety/panic）和预期性焦虑或惊恐（anticipatory anxiety/panic）完全不同。自发性焦虑往往没来由地突然出现，并迅速加剧，之后逐渐减退。它的强度通常在五分钟内达到峰值，然后在一小时或者更长的时间后逐渐减退。作为对

引言

当前情境或可预见的威胁情境的反应,预期性焦虑往往缓慢加剧,并且可能持续得更久。你可能会在一个小时或更长的时间里为某件事惴惴不安,直到疲惫不堪,或者找到其他能占据意识的事情,你才能放下那些焦虑。

总之,焦虑谱系障碍和普通的担忧的区别在于,焦虑谱系障碍的程度更加剧烈(如惊恐发作),持续时间更长(可能持续数月且不随着压力情境的消失而消失),或者产生恐怖性焦虑,影响正常生活。(美国精神医学学会制定了诊断特定焦虑谱系障碍的标准,列在一本供精神健康专业工作者使用的手册里,该手册名为《精神障碍诊断与统计手册(第5版)》。)

♡ 焦虑形成的原因

焦虑的症状通常看起来不合乎逻辑且难以解释,所以人们自然会问:它是什么原因导致的?在我们详细解释导致焦虑形成的各种原因之前,请先记住以下两点:

应对焦虑

第一,尽管了解导致焦虑形成的原因能让你明白问题是怎么出现的,但要解决焦虑问题并不需要知道它的成因。本书介绍了应对焦虑的多种有效策略,但它们的有效并不依赖于对焦虑的深层原因的了解。不论你多么了解焦虑问题的形成原因,都未必有助于解决问题。

第二,有观点认为普通的担忧和焦虑谱系障碍是由一种或一类原因导致的,对这种说法我们要警惕。不论是普通的担忧、对求职面试的恐惧,还是惊恐障碍或强迫症,都并不存在某种一旦消除就能解决问题的成因。

焦虑是由多种原因在多个层面上作用产生的,其中包括遗传因素、生物因素、家庭背景和教养方式、条件反射和近期的生活变化,以及个体的自我对话和个人信念系统、情绪表达能力和当前的环境压力等。

焦虑只是因为"大脑失衡"或"只是一种心理失调"——这两种观点忽略了一个事实,那就是:先天与后天因素在共同起作用。大脑失衡当然可能是遗传因素

引言

所致，但也可能是应激或其他心理因素导致的。反过来，心理问题在某些方面也可能受到先天生理因素的影响。所以，你不可能判断出是什么最先起作用，或者哪个是最根本的原因。

同理，克服焦虑、惊恐、忧虑或恐怖性焦虑需要综合性方案，不能局限于仅治疗心理或生理上的单一成因。要克服焦虑，就必须采用多策略、多层面的干预，其中包括生物、行为、情绪、心理、人际甚至精神层面。这种多层面的干预方法将贯穿本书的始终。

♡ 关注持续焦虑的原因

本书着重探讨持续焦虑的原因。这些因素存在于你当前的行为、态度和生活方式中，一旦有焦虑情绪产生，这些因素就会导致你持续焦虑。你从本书中学到的策略也能对持续焦虑的神经生物学因素产生影响（因为思想、行为和大脑会相互作用），但其作用相对间接。

应对焦虑

焦虑的各种长期易感因素，包括遗传因素，都很难改变。除非能使用基因工程技术，并直接修饰脱氧核糖核酸（DNA）结构，否则你就不能改变你的基因。然而，你一定可以改变自己应对焦虑和遗传易感性的方式，本书能帮助你做到这一点。

如果最近发生了令你焦虑的状况，使用本书中的策略不但能帮助你更好地应对当前压力，还能帮助你处理好长期压力源。管理你生活中的压力——不论是过去的、近期的，还是现在的——这样做可以帮助你更好地应对日常焦虑、担忧或特定的焦虑谱系障碍。

♡ 关于药物的注意事项

本书介绍的干预手段不包括药物治疗。由于患者不可以擅自用药，必须在医生的专业指导下使用，因此本书不涉及药物治疗。不过，处方药已被广泛用于帮助焦虑症患者，特别是那些与重度焦虑症（如惊恐障碍、广场恐怖症、强迫症和创伤后应激障碍）做斗争的患者。

♡ 关于本书

本书就是这样一位随身便携的"好帮手"——不论你需要快速缓解焦虑，还是想尝试新的心理疗法，都可以随时随地使用本书。请将它随身携带，做好标注，让它成为你专属的指南。本书最后几页是有意留白，方便你记录练习经验和心得。

本书每个章节都会教授应对焦虑的策略，它们都基于科学实证且非常有效，包括认知行为疗法、接纳与承诺疗法、正念关怀疗法，以及以身体为导向的心理疗法。本书的第1章到第9章将帮你找到对你最有用的策略和自助技巧。第10章提供了一套心理急救策略，以应对突发的重度焦虑。我们建议你专门准备一本笔记本，用来完成书中的练习或记录你的实践心得。

第 1 章

放松身体

应对焦虑

焦虑常常表现为一系列身体症状。事实上,当被要求描述焦虑的症状时,许多人会马上列举出一系列令人不适的生理症状,比如气短、肌肉紧张、换气过度和心悸。这些症状会强化引发焦虑的想法。

请试着把焦虑仅仅看作是一种生理状况。它的症状是什么?它怎么影响你的健康?你对此做何反应?虽然这些生理症状看似是你无法控制的自动反应,但你大可放心,因为事实不是这样的。通过练习,你可以阻断焦虑所导致的生理反应,帮助自己逃出它的魔掌。

♡ 渐进式肌肉放松法

渐进式肌肉放松法(PMR)是一种简单的放松方法,通过每次放松一组肌肉来阻断焦虑。数十年前,美国芝加哥医生埃德蒙·雅各布森(Edmund Jacobson)就认识到了此方法的有效性。

如果你的焦虑与肌肉紧张密切相关,渐进式肌肉放

第1章
放松身体

松法对你来说可能是一个特别有用的工具。肌肉紧张通常会导致你感到身体非常"紧绷"或"僵硬"。

渐进式肌肉放松法可以缓解紧张性头痛、背痛、下巴紧绷、眼周紧绷、肌肉痉挛、高血压和失眠。如果你感到心烦意乱,你可能会发现系统地放松肌肉通常能使狂乱的思绪平静下来。如果你在服用镇静剂,那么你会发现有规律地进行渐进式肌肉放松练习可以帮助你减少药量。

渐进式肌肉放松法没有禁忌,除非要参与紧绷和放松动作的肌肉群受了伤。如果存在肌肉损伤,请在进行渐进式肌肉放松练习之前咨询你的医生。

以下是渐进式肌肉放松练习的步骤:

- 选一个安静的练习场所,确保你在那里不会分心。
- 定期在固定的时间段练习。

应对焦虑

- 空腹练习。饱食后的消化活动往往会影响深度放松。
- 找一个舒适的姿势。让整个身体，包括头部，都得到稳定的支撑。如果你感到疲惫和困倦，坐直比躺着更可取。
- 解除身体束缚。脱掉紧身的衣物，脱下鞋子、手表、眼镜、珠宝等。
- 练习过程中不要为任何事担忧。
- 呈现被动、超然的态度。要采取顺其自然的心态，不要担心自己在这项练习中表现得好不好。不需要努力放松，不需要努力控制你的身体，不需要评判自己的表现。关键是要顺其自然。
- 绷紧肌肉，但不要过于用力。
- 绷紧某一肌肉群时要用力，但别使出吃奶的劲儿，坚持7秒到10秒。
- 关注当下的感觉。

第1章
放松身体

- 放松。在对每一组特定肌肉群进行放松时,要立刻松弛下来,之后持续放松,享受突如其来的无力感。在进入下一组肌肉练习之前,要让当前组肌肉充分放松并持续至少15秒到20秒。
- 试着重复一个令人放松的短语。你可以心中默念"我在放松""顺其自然"或者"让紧张感都消失吧"。
- 将注意力持续集中在你的肌肉上。
- 每天至少练习20分钟。

渐进式肌肉放松法的要领是让每个肌肉群用力绷紧(但不要用力到扭伤)大约10秒钟,再突然松开。然后给自己15秒到20秒的时间放松。在进入下一组肌肉练习之前,留意当前组肌肉在紧绷和松弛之间的感觉对比。下面的练习将逐步为你提供指导。

应对焦虑

渐进式肌肉放松练习

在一处安静场所坐直或平躺，身体要能得到支撑。先做三次腹式呼吸，每次都要慢慢呼气。当你呼气时，想象自己全身的紧张感正在消散。

从握紧拳头开始，保持7秒到10秒，然后放松15秒到20秒。用同样的时间间隔锻炼其他肌肉群：肱二头肌、肱三头肌、前额和面部的肌肉，也包括眼睛周围、下巴和脖子后面的肌肉。

然后让意念缓缓移向你的头颈部后面。做几次深呼吸，再调整你的头部，把头部的重量完全放到支撑它的表面上。将注意力移动到你的肩膀、胸部、腹部、腰部、臀部和大腿。你需要绷紧臀部和大腿，因为大腿肌肉附着在骨盆上。用力……然后

第1章
放松身体

放松。感受你大腿肌肉的舒展和完全放松。接着绷紧小腿肌肉,然后是脚部肌肉。

最后,用意念扫描整个身体,检查是否还有残存的紧张感。如果某个部位仍然处于紧张状态,对该部位的肌肉重复一到两个"紧张—放松"循环。现在,请想象一阵松弛感如同潮水般缓缓蔓延至全身,从头部开始,逐渐延伸到每一个肌肉群,一直到脚趾。

第一次完成全套渐进式肌肉放松练习,你会需要20分钟到30分钟。经过反复练习,你可以将时间缩短到15分钟到20分钟。

♡ 其他身体放松练习

作为渐进式肌肉放松法的替代,你可以尝试被动肌

应对焦虑

肉放松法，它不需要你主动绷紧和放松肌肉。渐进式肌肉放松像是一种消除身体紧张的"灵丹妙药"，不过被动肌肉放松也很有效。

如果你坚持练习渐进式肌肉放松法，你就会变得更善于识别和释放肌肉的张力。事实上，你可能会变得更能协调身体内部的变化，以至于在放松每一块肌肉之前你不需要刻意收紧。这叫作**无收缩肌肉放松**。相反，你可以通过集中注意力来扫描你的身体各部位是否紧张。扫描四个肌肉群的顺序是手臂、头颈、肩膀和躯干，最后是腿。如果你发现任何部位有紧绷感，只需使它放松，就像你在渐进式肌肉放松练习中每次收缩肌肉后所做的那样。

在**暗示控制放松法**中，你可以将语言暗示与腹式呼吸相结合，由此做到随时放松肌肉。以下为练习方法。

第一步，选一个舒服的姿势，然后使用无收缩肌肉放松法，尽可能放松肌肉。把注意力集中在你的腹部，

第1章
放松身体

留意它随着呼吸而起伏,使呼吸变得缓慢而有节奏。

第二步,在每次吸气时心中默念"吸气",在每次呼气时默念"放松"。要持续心中默念:"吸气,放松,吸气,放松……"同时把全身的紧张感都释放掉。持续练习5分钟,每次呼吸都重复这些重要的词语。暗示控制放松法能使你的身体学会把"放松"这个词语和放松的感觉联系起来。

呼吸方式直接反映了身体的紧张程度,可以加重或减轻焦虑症状。你的气息是急促还是缓慢?是深还是浅?身体随着呼吸起伏的主要区域是胸腔还是腹部?你习惯用嘴呼吸吗?在你自己有压力时和放松时,多留意呼吸模式的相对变化。

以下练习将帮助你改变你的呼吸模式。通常,只需进行腹式呼吸3分钟,你就能进入一种深度放松的状态。

应对焦虑

腹式呼吸

留意你所感到的紧张程度,然后将一只手放在胸腔下方的腹部上。

- 用鼻子慢慢地深吸气,将空气吸进肺部底端。换句话说,让空气尽可能地深入体内。当你用腹部呼吸时,你的手会跟随呼吸时腹部的张缩而起落。
- 当你完全吸进一口气后,稍作停顿,然后随你的习惯用鼻子或嘴巴慢慢呼气。一定要充分呼气。当你呼气时,让整个身体放松。
- 完成十次缓慢、充分的腹式呼吸。试着让你的呼吸保持顺畅且节奏规律,不要大口吸气或一下子呼出。

第1章
放松身体

- 当你放慢呼吸后，从20倒数到1，每呼气一次就倒数一个数。如果你在练习腹式呼吸时突然感到头晕，中断15秒到20秒，以正常的方式呼吸，然后重新开始。
- 花5分钟做完整的腹式呼吸，对减轻焦虑或惊恐的早期症状有显著效果。

最后，**瑜伽练习**可以帮你缓解身体的紧张。瑜伽这个词的意思是"结合"或"联合"。按照瑜伽的定义，它致力于促进心灵、身体和精神的统一。虽然在西方，瑜伽通常被认为是一系列的拉伸运动，但实际上它包含了广泛的人生哲学和精心构建的个人成长体系。

很多人发现，瑜伽不但能提升体能、恢复活力，同时还能让大脑平静下来。瑜伽可以与渐进式肌肉放松法

应对焦虑

相提并论,因为它们都包含使身体弯曲成特定的姿势,保持数分钟,然后放松的过程。瑜伽能直接促进身心融合,这和进行剧烈运动的效果一样。近几十年来,瑜伽已经成为一种非常流行的减轻焦虑和压力的方法,这里推荐你尝试。

第 2 章

放松精神

应对焦虑

从每天睡醒到再次入眠,我们的大脑几乎一直在连轴转。焦虑可能会让大脑更忙碌,让你感觉思绪纷乱,大脑被无数念头狂轰滥炸。你可能对致力于日常静心养性的养生之道还很陌生,但它的一些方法已经流传了几个世纪,现在全世界都在使用。

♡ 视觉想象

视觉想象(Guided Visualization)是一种有意识地使用心理意象来改变行为、感觉,甚至生理状态的方法。你可以有意识地创造视觉想象或感官想象,作为对抗焦虑的预防措施。当你使用视觉想象时,你要闭上眼睛,想象自己处于一个令人平静的场景中。

下面是一份练习视觉想象的操作指南。

- 找一个舒适的姿势,确保没有任何妨碍,头部有稳定的支撑。

第2章
放松精神

- 确保你所处的环境安静且不被干扰。
- 在接受视觉想象之前,给自己一些时间放松。为此,你可以在开始操作前做几分钟的渐进式肌肉放松或腹式呼吸练习。
- 在你结束放松想象时,用以下语言提示自己回到敏锐、清醒的状态:"现在,只需片刻,你会开始回到敏锐、清醒的状态。注意听我从1数到5。当我数到5的时候,你睁开眼睛,你会觉得清醒、敏锐、精神焕发;1……逐渐恢复到敏锐、清醒的状态;2……越来越清醒;3……当你变得更敏锐时,开始移动你的手脚;4……你几乎恢复到完全敏锐的状态;5……现在睁开眼睛,发现自己完全清醒、敏锐、精神焕发。"
- 完成视觉想象后,起身四处走动,直到你感到头脑足够敏锐和清醒。
- 结束练习后的10分钟内,不要驾驶车辆或从事其

应对焦虑

他需要复杂协调能力的活动。

当你感到紧张或担忧,或发现自己的思绪乱成一团时,可以使用以下视觉想象的方法来放松大脑。

沙滩的视觉想象

你走下一段长长的原木台阶,来到了一片美丽、广阔的沙滩。它看上去空无一人,一直延伸到你视线的尽头。海沙很细、很轻,洁白似雪。你光着脚踩在沙滩上,能感觉到沙粒在脚趾间轻柔地摩挲。你沿着这么美丽的沙滩漫步,感觉很好。

海浪的低吟是如此令人放松,让你可以放下所有思绪。你看着海浪的起落,它们慢慢涌上沙滩,相

第2章
放松精神

互撞击，又缓缓退去。整片海域呈现出一种绝美的蓝色。那片蓝，即使你只是看着它，也能感到平静。

你沿着海面朝远处眺望，直到地平线，将视线向两边扩展，尽可能看得更广阔，留意地平线是怎样随着地球的弧度微微向下弯曲的。在你扫视海面时，可以看到在数英里（1英里≈1.609千米）外有一艘小帆船正轻轻地掠过水面。所有这些景象都让你感觉更加放松。

当你沿着沙滩继续前行时，闻到海的气息里有清新的咸味。你深吸一口气，然后呼出，感觉神清气爽且更加放松。你注意到头顶上方有两只海鸥正飞向大海，它们迎风翱翔，姿态优雅。你开始想象如果自己可以自由飞翔，那会是什么样的感觉。

沿着沙滩继续走，你会感到自己进入了一种深

应对焦虑

度放松状态。海风轻拂你的脸颊,温暖的阳光浸透了你的脖子和肩膀。阳光那温暖的感觉让你更加放松。在这片美丽的沙滩上,你感到非常满足。多么美好的一天!

不一会儿,你看到前方有一把舒适的沙滩椅。你慢慢朝沙滩椅走去,一直走到它面前坐了下来,找到最舒服的姿势。仰靠在这把舒适的沙滩椅上,你感到更加放松。过了一会儿,你仿佛闭上了眼睛,聆听海浪的声音,听那永无止境的潮起潮落。海浪声的节律使你进入一种更加美妙、宁静又平和的状态。

♡ 冥想练习

冥想可以让你彻底停下来,放下对过去和未来的思考,只专注于此时此刻。

第2章
放松精神

以下是一些冥想的基本练习原则,之后我们还会介绍使用冥想"真言"(mantra)或短语的练习,以及冥想呼吸练习。

- 寻找一处安静场所,尽可能减少外部环境的噪声。如果你实在办不到,那就播放一些柔和的纯音乐,或者来自大自然的声音。
- 减少肌肉紧张。如果你感到紧张,先用足够的时间来放松肌肉。
- 合适的坐姿。可以选择以下两种姿势中的任何一种坐着。东方式坐姿:盘腿坐在地板上,用蒲团或枕头支撑臀部,把双手放在大腿上,身体微微前倾,这样大腿和臀部就能各自承担你的部分重量。西式坐姿(多数美国人的最爱):坐在一把舒适的直靠背椅上,双脚平放在地板上,双腿不要交叉,双手平放在大腿上。

应对焦虑

- 不论你采取哪一种坐姿，背部和颈部都要保持挺直，但也不要太紧绷。
- 养成每天冥想的习惯。哪怕你每次只花5分钟做冥想，贵在每天坚持。
- 不要在饱食或乏累的时候冥想。为你的注意力选择一个焦点——最常见的聚焦工具是呼吸循环或"真言"（我们稍后将解释这一点）。
- 采取中立、被动的态度。把注意力集中在你选择的冥想对象上，但不要强迫自己。当你有分心的想法或白日梦出现时，不要试图紧紧抓住它们，但也不要使劲地抗拒。就让它们来去自如，然后将你的注意力转回到原来的焦点上就好。
- 放下。不要尝试做任何事情，只要轻轻地把你的注意力转回到它的焦点上就好。你越放下，就能越深入地冥想。

第2章
放松精神

"真言"冥想

- 专注于选择的词语。它可以是一个词语或一个字,如"平静""和平"或"一",也可以是梵文"真言"。"现在"也是个不错的选择,因为反复念"现在"会促使你关注当下。
- 在冥想的过程中,重复默念所选的词语或字,最好是在每次呼气时重复。
- 若有任何想法浮现在脑海中,就让它们从你的意识里飘过。然后轻轻地将注意力转回你正在重复的词语或字上。
- 持续这个过程至少10分钟。

应对焦虑

呼吸与倒数练习

- 静坐,把注意力集中在气息的出入上。每呼一口气,倒数一个数字。从数字"20"开始,慢慢地在每次呼气时倒数(20,19,18等)直到0,然后重复这一过程。重复整个倒数过程两到三轮。或者,你可以简单地在每次呼气时反复默念数字"1",持续10分钟。
- 每当你意识到自己走神了,把注意力引回到你的呼吸和倒数上就好。如果你陷入了一段自我对话或白日梦,不必为此担心,也不要自我批判。放轻松,继续计数就好。
- 如果你不知不觉数乱了,那就从数字"20"开始,重新开始倒数。

第2章
放松精神

- 经过一段时期的练习,你可能不再需要在冥想时倒数,只关注呼吸循环气流的出入就好。倒数的目的只是为了帮助你集中注意力。
- 持续这个过程至少10分钟。

对大多数人而言,若要精通冥想,必须经过几个月坚持不懈的训练。虽然冥想是放松方法中对技巧要求最高的一种,但对很多人来说,它也是最值得学习的一种。

♡ 听减压音乐

音乐常被称为心灵的语言。它似乎能触动人们的内心深处,让你摆脱焦虑和担忧,走入内心世界。听令人放松的音乐可以帮助你进入内心深处的宁静,不受日常生活的压力和难题的影响。它也能帮助你从沮丧的心情

应对焦虑

中走出来。不管你是在开车时听音乐,或在工作时放音乐作为背景声音,还是在工作间歇的放松时间听音乐,它都是最强大且久经考验的一种摆脱焦虑和担忧的方法。如果你想用音乐缓解焦虑,那么请务必选择舒缓放松的音乐,而不是激发或唤起情绪的音乐。

第 3 章

现实地思考

应对焦虑

我们的自我对话是我们对每个具体情境的反应，而这些反应大体决定了我们的情绪和感受。通常，自我对话是自动、快速发生的，以至令人难以觉察，于是形成了一种是外部环境给我们"造成"了感受的印象。但是，我们的感受实际是来自我们对事件的解读和想法。

简而言之，你对自己的感受负有很大的责任（要先排除生理因素，比如疾病）。这是一个深刻且重要的真理，有时人们需要很长时间才能完全领会它。这是因为，把自己的感觉归咎于他人，比对自己的反应负责容易得多。

然而，只有乐于对自己负责，你才能开始主导和把握你的生活。人对自己的感受负有主要责任——一旦你完全接受这种理念，它就会赋予你力量。它是你生活得更愉悦、更高效、更无忧无虑的关键。

第3章
现实地思考

♡ 灾难化思维

恐惧时的想法多种多样，但焦虑的人往往习惯于将自己的想法灾难化。陷入灾难化思维时，你会感到大难临头，在许多寻常小事里预见可怕的后果：一处小的渗漏意味着船要沉没；乏累和疲倦感说明你得了癌症；社会经济稍有下行则预示了你即将失业并流落街头。

和所有的焦虑想法一样，灾难化思维通常以"如果……怎么办"开始。"如果我滑雪摔断腿怎么办？""如果我搭乘的飞机被劫持怎么办？""如果我儿子沾上毒品怎么办？""如果我出车祸了怎么办？""如果我考试不及格被退学怎么办？""如果他们看到我惊慌失措的样子，以为我疯了怎么办？"灾难化想象的内容之丰富，真是无边无际。

灾难化思维基于对负面结果发生概率的高估，以及对自己处理负面结果的能力的低估。说实话，你的疲劳

应对焦虑

有多大概率是由癌症引起的？你的儿子吸毒和你滑雪摔断腿的可能性到底有多大？假如最坏的情况真的发生了，你真的无法应付吗？人们往往能在困难甚至绝境中生存下来。我们许多人的身边都有朋友抗癌成功或克服了育儿难题。当然，这些经历是困难的、令人抗拒的、令人头疼的，但是你承受不了的实际概率有多大？

以下四个步骤对挑战灾难化思维并削弱其影响至关重要：

- 注意灾难化的思维模式。
- 识别歪曲想法。
- 质疑想法的有效性。
- 用符合现实的想法取代歪曲的想法。

注意灾难化的思维模式

"我精力不济，总感到疲劳。如果这是因为得了癌

第3章
现实地思考

症而我却没及时发现,我该怎么办?如果我被确诊患有癌症那就完了!我肯定扛不住,还不如赶紧死掉,好赶快结束这一切。"

识别歪曲想法

"因为我精力不济,感觉很累,一定是得了癌症"和"如果我得了癌症,肯定扛不住"都是歪曲的想法。要识别歪曲想法,首先列出你关于这种状况想到的所有"如果",然后把它们改成肯定句。例如,"如果我的精力不济和疲劳是得了癌症的征兆呢?"就会变成"因为我精力不济和疲劳,这说明我得了癌症。"

质疑想法的有效性

"精力不济和疲劳意味着我得了癌症的概率有多大?如果小概率事件发生,我真的被诊断为癌症,那会有多可怕?我真的会垮掉且活不下去吗?实际上,我

应对焦虑

真的没办法应付这种状况吗?"在挑战灾难化思维的正确性时,像这样提问会很有帮助:"它发生的概率是多少?""实际发生那种事情的可能性有多大?""在过去,这种状况多久发生一次?""如果发生最坏的事情,我真的没有一点儿办法应对吗?"

用符合现实的想法取代歪曲的想法

"各种身心疾病的症状都可能表现为疲劳和精力不济。关于我的感觉,有多种可能的解释,而且没有任何特定症状表明我得了癌症。所以我的疲劳感和精力不济是癌症征兆的概率很低。此外,尽管被诊断出癌症的确很糟,但我不太可能彻底垮掉。得癌症当然会很困难,但我能采取的办法不会比别人少。"

现在该你了。以下是挑战恐惧想法的操作指南。按照这份指南,你将得到一张包含提示的记录表,帮助你挑战那些令人恐惧的想法。

第3章
现实地思考

- 选择一个你自己比较放松且平静的时刻,避开极度焦虑或担忧的时刻。
- 放松下来之后,问问自己:"我对自己说了什么导致我焦虑?"回忆所有对自己说过的"如果……怎么办",然后把它们写在工作表的第一个小标题"我对自己说的话"下面。
- 为了能更直观地看清歪曲想法,更容易挑战它,把"如果……怎么办"的表达改成肯定句表达。"如果这架飞机坠毁了该怎么办?"当你把这种想法改成肯定句"这架飞机要坠毁了",就更容易识别出歪曲想法。把改写后的想法写在记录表的第二个小标题"歪曲的思维模式"下。
- 用类似这样的提问挑战你的歪曲想法:"发生这种状况的实际概率有多大?""过去这种状况多久发生一次?""我是否认为这种状况无计可施或者无可救药?"把这些挑战写在第三个小标题"挑

应对焦虑

战歪曲想法"下面。

- 通过提问，让关于这些状况的想法和担忧变得更加符合现实。把这些更切合实际的想法列在第四个小标题"更符合现实的思维模式"下面。

- 最后，请考虑如果发生了你最害怕的事情，你能做些什么？问问自己："如果最糟的状况发生，我该怎么应对？"大多数情况下，这会使你认识到你低估了自己的应对能力。在第五个小标题"如果最糟的状况真的发生了，我能做什么来应对"下写下你的应对方法。

- 在随后的几周里，反复阅读那些符合现实的想法，以及你能用来应对最糟状况的办法。这样做可以在脑海中深刻地强化符合现实的想法。你可以把这些符合实际的想法抄在一张小卡片上随身携带，以便能随时瞥一眼提醒自己。

第3章
现实地思考

- 为你的每一种恐惧或担忧创建单独的记录表，并重复这个练习里的所有步骤。

用符合现实的想法替代歪曲的想法

在一本笔记本上，使用以下提示来纠正自己的歪曲的、可怕的想法。

我对自己说的话：＿＿＿＿＿＿＿＿＿＿＿＿
歪曲的思维模式：＿＿＿＿＿＿＿＿＿＿＿＿
挑战歪曲想法：＿＿＿＿＿＿＿＿＿＿＿＿＿
更符合现实的思维模式：＿＿＿＿＿＿＿＿＿
如果最糟的状况真的发生了，我能做什么来应对：
＿＿＿＿＿＿＿＿＿＿＿＿＿＿＿＿＿＿＿＿

应对焦虑

♡ 其他歪曲的思维模式

灾难化思维并不是唯一能引发焦虑的歪曲的思维模式,还有以下七种思维模式。你认得其中哪些?

选择性注意

只关注状况中的消极部分,而忽略它的所有积极部分。

极端思维

认为任何事物或人非黑即白,非好即坏。你必须完美,否则你就是个失败者。没有中间地带,没有犯错的余地。

以偏概全

只根据单一事件或孤立证据你就得出一个通用的结

第3章
现实地思考

论。你夸大了问题出现的概率,并全盘化地贴上消极标签。这种模式会导致生活越来越受限。

读心术

无须别人开口,你就知道他们的感受以及他们为什么这样做。特别是,你认为你知道别人对你的看法和感觉,但你又不敢真的向他们求证。

夸大

你夸大了困难的范围或程度,增强了消极声音的音量,让它变得很重、很响以致压倒一切。夸大的反面是最小化。当你审视你的能力,比如处理问题和找寻问题解决办法时,就像是在倒着拿望远镜看东西——一切的积极部分都被最小化了。这种模式会带来一种沮丧又歇斯底里的悲观情绪,容易让焦虑乘虚而入。

应对焦虑

个人化

你认为别人一言一行都是针对你做出的反应。你时常拿自己跟别人比较,试图判断谁更聪明、更有能力、更漂亮,等等。

"应该"陷阱

你是否有一份关于你和他人应该如何行事的铁律清单?当别人破坏规则时,你会生气。当你自己违反规则时,你会内疚。"我应该成为完美的朋友、父母、老师、学生或配偶""我应该知道、理解和预见一切""我应该友善,永远不要发脾气""我永远不应该犯错误",这些都是不切实际的"应该"的例子。

接下来的练习旨在帮你留意并识别歪曲的思维模式。请仔细阅读其中的每一项陈述,并参考前面的总结,思考每一种陈述或心理状态是基于哪一种或哪几种歪曲的思维模式。

第3章
现实地思考

识别歪曲的思维模式的练习

（1）洗衣机坏了。需要给一对双胞胎换洗尿布的母亲心想："总发生这种事，真让人受不了。我这一整天都被毁了。"

（2）一个女孩抱怨道："他从饭桌对面望着我，说：'这太有趣了。'但我知道，他其实盼望着这顿早餐快点结束，这样他就能摆脱我了。"

（3）一位男性希望他的女朋友能给他更多热情和关怀。但他每天晚上都很气恼，因为他的女朋友从不问他今天过得怎么样，也没有如他所期待的那样关注他。

（4）一名司机在长途驾驶中感到紧张，担心车

应对焦虑

辆故障、自己生病或被困在离家很远的地方。当不得不驱车500英里去美国芝加哥再返程时,他对自己说:"这太远了。我这辆车的里程已经超过了6万英里,所以我这次不可能顺利回家。"

(5)一位高中生在为毕业舞会装扮时想:"我的臀部是全寝室最难看的,头发也是第二糟糕的……如果到时我的法式发髻再松开,我就完蛋了。"

答案揭晓:①以偏概全、选择性注意;②读心术;③"应该"陷阱;④灾难化思维、夸大;⑤个人化、极端思维、灾难化思维。

第3章
现实地思考

♡ 七种歪曲思维的解决方案

歪曲的思维模式会引发焦虑,因此这里就要介绍一些修正思维模式的方法。

选择性注意的解决方案

为了免于受到选择性注意的影响,你必须有意识地重新聚焦注意力。有两种方式可以用来转换关注点。第一,关注解决方案而不是问题本身。把你的注意力放在解决问题的策略上,而不是被问题本身困扰。第二,把注意力集中到你心理基调的反面。比如焦虑的时候,心理基调是危险或无安全感的,那么你就要把注意力集中在你周围那些代表舒适和安全的事物上。针对各种形式的选择性注意,问自己一个经典问题:"我看到的杯子是半空的,还是半满的?"

应对焦虑

极端思维的解决方案

克服极端思维的关键就是停止做出非黑即白的判断。以百分比的方式来思考:"有大约30%的我在害怕死亡,但还有70%的我在坚持并想办法。"

以偏概全的解决方案

以偏概全就是夸大——一种主次不分的倾向。通过使用量词来代替诸如巨大、可怕、非常严重、微不足道等形容词来对抗它。例如,如果你发现自己在想:"我们要被巨额债务毁掉了。"那么你就用一个准确的数字来重新表达,"我们欠了27000美元。"

读心术的解决方案

长远来看,你最好不要去揣测他人的内心想法。你要么完全相信他们所说的,要么就一点儿也不信,直到你看到了确凿的依据。把你对他人的所有看法都当作未

第3章
现实地思考

经检验的假设,有待通过向他人提问来求证。

夸大的解决方案

为了防止夸大,不要使用"糟透的""恶心的"或"可怕的"这样的词语,特别是不要使用"我接受不了""不可能"或"令人不堪忍受"这样的语句。你可以忍受,因为历史表明,人类几乎可以承受任何心理打击,也可以忍受难以置信的身体疼痛。试着对自己说一些话,比如"我能应付"或者"我能挺过去"。

个人化的解决方案

当你发现自己在跟别人做比较时,请提醒自己:人各有长短。拿自己的短处去和别人的长处比较,只能给自己找不痛快。如果你假定别人的反应总是针对你,要敦促自己对此做个现实检验。

应对焦虑

"应该"陷阱的解决方案

重新审视并质疑包括"应该""应当""不得不"或"必须"在内的个人规则或期望。在灵活的规则和期望中不会出现这些词语,因为总有例外和特殊情况发生。在制定规则时要假设至少三种例外,然后去想象所有令你始料未及的可能。

第 4 章

直面恐惧

应对焦虑

克服恐惧最有效的方法就是直面恐惧。这对那些在恐怖性焦虑中挣扎的人们来说，好像是在空喊口号。实际上，就算你在心里说"我做不到！"，我们也不会惊讶。与恐惧对象进行暴露接触应该是一个循序渐进的过程，而不是让你被恐惧猝然吞没。你要一点点地以极小的比例逐步增加你将面对的恐惧。

对很多人来说，焦虑源于恐惧。恐惧症是一种对导致焦虑加剧的特定情境或体验的过度恐惧。通常，你会回避这种情境。在某些情况下，即使只是想起恐怖情境就足以引发焦虑。恐怖性焦虑并不是凭空而来，而是由想象中的或实际可能遇到的恐怖情境引发的。

恐惧是由敏感化造成的。敏感化是一个变得（对特定刺激）过度敏感的过程。就恐惧而言，它是指大脑记住了焦虑与特定情境的关联。

第4章
直面恐惧

♡ 暴露疗法

暴露疗法可以让大脑忘却特定情境或事物与已有的条件反射性的焦虑之间的关联，而正是这种关联导致了恐惧。在暴露训练中，你通过完成一系列被称为"等级"的活动来面对恐怖情境。你接触的恐怖"等级"逐步递增，直到你最终可以完全沉浸在恐怖情境里。暴露疗法包括两个元素：

- 忘记恐怖情境和恐惧反应之间的联系。
- 将平静、自信的感觉与特定的情境重新关联。

尽管暴露训练很有效，但它并不是一个特别轻松、舒适的过程。要面对恐怖情境，并且还要坚持定期面对它，这种痛苦不是每个人都愿意忍受的。暴露疗法需要你坚决地对自己承诺以下几点：

应对焦虑

- 勇于面对那些多年来你一直在回避的情境。
- 忍耐最初接触恐怖情境时的不适——即使恐怖程度还会逐渐递增。
- 坚持有规律地完成暴露接触,即使可能遇到挫折,但只要你坚持得足够久就可以彻底康复(通常,这可能需要数周到一年,或者更长的时间)。

如果你做好了准备,坚守不论花多长时间都会持续进行暴露训练的承诺,你就能最终战胜恐惧。

♡ 应对暴露与完全暴露

暴露训练的程序大体上可分为应对暴露和完全暴露两个阶段。第一个阶段是应对暴露阶段。应对暴露阶段包括依靠各种支持来帮助你开始暴露训练,并讨论训练计划里的早期步骤。这些支持可能包括一位陪伴你的人(称作"支持者")、低剂量的镇静剂、腹式呼吸练习,

第4章
直面恐惧

以及演练积极的应对陈述（例如，参见本书第10章的应对陈述列表）。随着你在"等级"训练（一系列恐怖程度逐步升级的情境）的早期阶段不断进步，你需要逐渐摆脱这些应对策略。

接下来，第二个阶段是完全暴露阶段。完全暴露意味着你在进入恐惧状态时不借助任何支持或应对策略。完全暴露是必要的，因为它能教会你一个事实——你可以面对你之前总回避的情境。你不再认为"只有吃了药，我才能在高速公路上开车"，而要认识到"不论我是否焦虑或者是否能借助某些外力减轻焦虑，我都能在高速公路上开车"。完全暴露能使你完全掌控曾经恐惧的情境。

有些人不事先采取任何应对策略，勇敢地直接进行完全暴露，因为这是克服恐怖症的最快、最高效的方法。而另一些人倾向于使用比较温和的方法，利用应对策略来帮自己开始接受暴露接触，并计划早期阶段的训

应对焦虑

练。随着训练的深入,他们逐渐停止使用应对策略,以便能够完全靠自己掌控局面。

♡ 应对暴露与完全克服恐惧的区别

"应对暴露"和"完全暴露"是两种完全不同的应对恐惧的方式:一种只是勉强应付,另一种是控制自如。完全克服恐惧——例如乘飞机、乘电梯或在高速公路上驾驶——这当然令人向往。然而,在实际操作中,有些人只想应付一下——无论如何,凭借必要的辅助策略把恐惧的情境应付过去就好。这些人的目标只是渡过难关,无须游刃有余。

每天反复做暴露练习,坚持几周至几个月的时间,你就能完全掌控(不需要应对策略的支持)恐怖情境。你所遇到的恐怖情境通常都差不多。如果你很少经历坐飞机或做报告这样的挑战,那么对你来说,只要能利用任何必要的资源、手段把这些情境应付过去就已足够

第4章
直面恐惧

（而其他人需要花费更长的时间来完全克服恐惧）。

建立暴露等级

暴露疗法是通过划分"等级"进行的，它包含一系列步骤，带你逐渐靠近自己恐惧的情境。你需要把恐惧"等级"写在笔记本里。

请务必从一个简单的，只会引起轻微焦虑的步骤开始，直到最后一步——如果你能完全克服恐惧，你就能做到这一步。分别为"应对暴露"和"完全暴露"的阶段创建一个暴露等级，它包括5~10个步骤，逐步进阶到更有挑战性的暴露。当然，你需要从一个相对容易或温和的情境开始面对恐惧。

暴露疗法意味着要在现实中实践应对暴露和完

应对焦虑

全暴露的等级里的每个步骤。练习每个步骤,直到你最多只感到轻微至中度的焦虑,然后进入下个步骤。再次强调,一定要坚持练习,直到焦虑减轻到你觉得可以轻松应对的程度。

有时,制订某个练习步骤可能很难。例如,你也许能够处理好第9步,但当你面对第10步时就会变得非常焦虑。在这种情况下,你需要构造一个中间步骤(第9.5步),它可以作为原来那两个步骤之间的桥梁。

在记录暴露等级的每个步骤旁边标注你完成该步骤的日期。当你实现了第一个目标的应对暴露和完全暴露的等级任务之后,再为你下一个目标设置两个暴露等级,并以此类推。

第4章
直面恐惧

♡ 基础练习

以下两个步骤详细解释了在暴露训练中如何进阶：

- 进入一种情境并忍耐。进入你所恐惧的情境，从等级的第一步，或是你上次结束练习时练到的那一步开始。即使焦虑让你感到有些不舒服也要坚持住。如果你的焦虑感觉可控，那很好，继续在你恐惧的情境里停留并忍耐。即使你在该情境下感到不适，但只要还没到难以忍受或失控的程度，你就要坚持忍耐。
- 继续提升暴露训练的等级并逐步完成训练。如果你在某一步不得不停止，放松之后再继续，那也没关系，你只需要把当天的暴露等级按步骤继续练完就好。如果出现焦虑症状，你要尽最大的努力忍耐，直到不适感消退。如果有时你表现得不

应对焦虑

如原先出色，也不要自责。

一般来说，每次暴露时间较长的练法比每次时间较短的练法起效更快，但你还是要按照适合自己的节奏来。对大多数人来说，每天练习一次，每周练习三到五天就足够了。

♡ 如果你在应对暴露阶段感到恐慌怎么办

一些焦虑问题专家主张，无论焦虑水平上升到何种水平，哪怕到了恐慌的程度，都要继续坚持待在令人恐惧的情境中。但问题是，如果你真的在暴露训练的过程中惊恐发作，这会产生使你对情境再次敏感化的风险，强化你对该情境的恐惧。

在早期的应对暴露阶段，这一点尤为重要。虽然你最好能够尽力忍耐暴露所带来的不适，但如果一次彻底的惊恐发作近在眼前，掌握一项"逃生策略"会很有帮

第4章
直面恐惧

助。如果你突然感到自己即将惊恐发作,那么你就要考虑暂时脱离这种情境,等你的焦虑水平降至可控水平之后,再尽快重返该情境。

在完全暴露阶段,你多半已经适应恐怖情境,所以不太可能出现惊恐发作的情况。万一你在完全暴露阶段仍然感到恐慌,也可以暂时停止暴露训练。你可以先给自己几分钟的时间来平复情绪,但不要就此结束训练。一旦你平静下来,就要继续进行暴露训练。此外,如果你能在一两天之内反复对相同的情境进行暴露,那是最理想的。

♡ 保持恰当的态度

用恰当的态度面对恐怖情境,和用有针对性的策略进行暴露训练同等重要(如果不是更重要的话)。以下态度是提升面对和克服恐惧的能力的要点。

·接受焦虑引起的生理症状。在暴露训练的过程

应对焦虑

中,既不要抵抗焦虑,也不要逃避焦虑。
- 冷静地面对当下。焦虑起初是一种生理反应,它会由于"如果……怎么办"的想法或灾难性思维而进一步恶化。你越能在当下保持清醒的头脑,你就越不会被那些想法牵着鼻子走。在暴露训练的应对暴露阶段,腹式呼吸是一种使你保持平心静气的绝佳方法。
- 要相信恐惧总会过去。焦虑状态不是永久的,它总会过去。身体会在5分钟到10分钟内代谢掉多余的肾上腺素,所以即使是最强烈的恐慌也不会持续得比这更久。
- 如果你在某个情境下感到焦虑,那么你已经可以开始暴露训练了。当你面对自己害怕的事物时,几乎不可避免地会经历焦虑。每当再次感到焦虑时,你都可以自信地提醒自己:我离克服焦虑又近了一步。

第4章
直面恐惧

- 暴露训练永远有效。没有反复暴露训练克服不了的恐惧。如果你愿意一次又一次地面对你所害怕的东西，暴露训练总是能战胜恐惧。

♡ 想象暴露疗法

在现实中你很难遇到某些恐怖情境，因为一般人很少有机会直接体验这些情境，比如雷雨天乘坐洲际航班旅行。在这种情况下，我们不使用传统的图像脱敏疗法，而使用视频暴露疗法（例如，观看闪电和雷暴的视频）或高科技的虚拟现实暴露疗法。

在某些情况下你可能会发现，在现实场景里做暴露训练之前，先以想象的方式进入恐怖情境会很有帮助。在直接面对恐怖情境之前，这是一种较为温和的处理方式。

第 5 章

规律运动

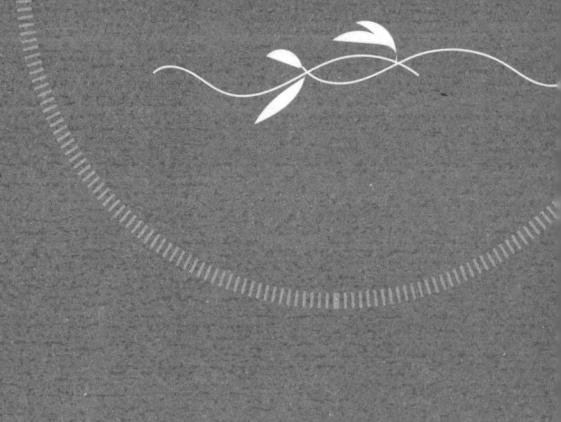

应对焦虑

规律的剧烈运动是缓解焦虑的最强大且有效的方法之一。当你感到焦虑时，身体本能地急剧产生"战或逃"反应——面对威胁时肾上腺素分泌突然激增。当你的身体处于"战或逃"的兴奋状态时，运动是一种自然的释放。规律的运动也会减少对各种恐怖情境的预期性焦虑，加快从各种恐惧中恢复的速度。

运动不仅只是锻炼出强健的肌肉，规律的运动能直接影响焦虑的生理基础因素。以下是运动对身体的一些益处：

- 降低肌张力[①]，它是你感到紧张或紧绷的主要原因。
- 加速代谢、清除血液中过量的肾上腺素和甲状

[①] 肌张力是肌细胞相互牵引产生的力量。肌张力是维持身体各种姿势以及正常运动的基础。——编者注

第5章
规律运动

腺素，否则它们会让你一直维持在紧张、警觉的状态。
- 释放被压抑的挫败感，以免加重恐惧感。
- 促进脑部血液循环和增加大脑供氧量，提高机敏度和专注力。
- 刺激内啡肽的产生。内啡肽是一种内成性（脑下垂体分泌）的类吗啡生物化学合成物激素，它是由脑下垂体和脊椎动物的丘脑下部所分泌的氨基化合物，能与吗啡受体结合，产生止痛效果和欣快感。
- 增加大脑中的血清素（一种重要的神经递质）的含量，可以抵消抑郁和焦虑。
- 降低血液pH，使血液趋于酸性，有助于提升精力。
- 改善血液循环系统和消化系统的机能状况。
- 改善皮肤、肺和肠道的排泄功能。
- 降低胆固醇和血压。

应对焦虑

- 在许多情况下能抑制食欲并减轻体重。
- 控制血糖,防止低血糖的情况发生。

伴随这些身体变化,运动对心理健康也有一些益处,其中包括:

- 增加对幸福和自尊的主观感受。
- 减少对酒精和毒品的依赖。
- 缓解失眠和抑郁。
- 提高注意力和记忆力。
- 增强对焦虑的控制感。

♡ 运动的准备工作

某些身体状况会对运动量和运动强度产生限制。在开始一项定期运动计划之前,问自己以下几个问题:

第5章
规律运动

- 医生曾告知你患有心脏病吗？
- 你经常出现胸口或心脏疼痛吗？
- 你经常感到头晕吗？
- 你的医生是否曾经告诉过你，你的骨骼或关节问题（如关节炎）已经或可能因运动而加重？
- 有没有医生告知你血压过高？
- 你有糖尿病吗？
- 你的年龄是否已经超过40岁，不习惯剧烈运动？
- 是否有什么（这里没有提到的）身体上的原因导致你不应该运动？

如果你对以上所有问题的回答都是否定的，那么就有理由确信自己已经准备好开始运动了。开始时你要慢慢来，然后在几周的时间里逐渐增加运动量。如果能有位支持者陪你一起练习，这可能会很有帮助。

应对焦虑

♡ 按个体需求运动

运动需要有足够的规律性、强度和持续时间，才能对焦虑产生显著影响。理想的运动方式是每周进行4次到5次有氧运动，每次20分钟到30分钟或更长时间。要避免一周只锻炼一次。偶尔的剧烈运动会加重你的身体负担，而且通常弊大于利（散步是个例外）。

选择哪项运动取决于你的目标。对于减少焦虑，有氧运动通常是最有效的。常见的有氧运动包括跑步或慢跑、自由泳、健美操课、自行车速骑和快走。

除了有氧健身，你可能还有其他的运动目标。如果增加肌肉力量很重要，你可以在你的计划中加入举重或静力训练[1]（如果你有心脏病或心绞痛，你最好不要参

---

[1] 静力训练又称等长训练，是指在身体姿势保持静止不变，相关肌肉的长度不发生可见改变的情况下对抗阻力，从而锻炼肌肉的力量和耐力。比如平板支撑、靠墙半蹲和瑜伽。——译者注

第5章
规律运动

加举重或健美项目）。包含伸展运动的项目，如舞蹈、瑜伽，是增强肌肉灵活性的理想运动，也是有氧运动的良好补充。如果你想减肥，慢跑和骑自行车可能最有效。如果你很需要发泄攻击性和挫折感，可以试试竞技运动。最后，如果你只是想走进大自然，那么徒步旅行或园艺是很合适的。严格的徒步旅行（比如塞拉俱乐部[1]的活动）可以提升力量和耐力。

下面是一些比较常见的有氧运动。每种类型都有其优点和可能存在的缺点。

跑步

跑步是最好的减肥运动之一，因为能够快速消耗

---

[1] 塞拉俱乐部的使命为：探索、欣赏和保护地球的荒野；实现并促进对地球的生态系统和资源负责任的使用；教育和号召人们来保护并恢复自然环境和人类环境的品质；运用一切合法手段完成上述目标。——编者注

应对焦虑

热量。每周慢跑4到5次，每次3英里（大约30分钟），这非常有助于降低焦虑的易感性。慢跑的最大时速为5英里最为适宜。跑步的缺点是，长期跑步会增加你受伤的风险。穿合适的跑鞋、在柔软的地面上跑步、做跑前热身、用慢跑和其他形式的运动交替，这些做法都可以降低你跑步时受伤的风险。

游泳

游泳是一项特别有益的运动，因为它会用到全身许多不同的肌肉。医生通常推荐有肌肉骨骼问题、损伤或关节炎的人游泳，因为游泳可以将对关节的冲击降到最低。它的减肥效果不如跑步，但能强身健体。

骑自行车

近年来，骑自行车已经成为一种非常流行的有氧运动。虽然骑自行车的许多益处和慢跑类似，但前者对关

第5章
规律运动

节的伤害更小。为了达到有氧的运动效果，骑自行车的强度需要剧烈一些——在平坦的路面上以每小时15英里或更快的速度骑行。当你开始骑行后，给自己几个月的时间把车速提高到每小时15英里，也就是每4分钟骑1英里。

健身操课

大部分的健身课程都有专业教练指导，由伸展运动、有氧运动和力量训练组合而成。结构化的健身课程可能是激励你运动的绝佳方法。每周进行3~5次，每次大约45分钟到1小时的运动（包括热身）已经足够。

步行

步行比其他任何形式的运动都有优势。第一，它不需要训练——你已经知道该怎么做。第二，它不需要任何设备，除了一双鞋，而且它几乎可以在任何地方进

应对焦虑

行,受伤的概率比任何其他类型的运动都要小。第三,这是最自然的活动形式。我们每个人都天生喜欢走路。为了使步行成为有氧运动,要以足够快的速度步行,配速在大约1小时内步行3英里。如果你把步行作为一种常规的运动方式,那么可以每周进行4~5次,最好是在户外。

♡ 别再找借口

当你为不运动找借口时,有没有发现自己的创造力突然变强了?如果是这样,你并不孤单,但这并不意味着你应该屈服于那些借口并任由它们破坏你的决心。下面是一些逃避运动的常见理由和应对方法。

"我没有时间运动。"但你真正想说的是你不愿意腾出时间。问题的本质不是没时间,而是运动在你心中的位置不太重要。

"我太疲劳以致无法运动。"许多不运动的人不曾意

第5章
规律运动

识到,适度的运动实际上可以缓解疲劳。许多人会在感到疲劳的情况下进行运动,这让他们恢复到容光焕发、精力充沛的状态。

"运动很无聊,一点儿都不好玩。"你真的觉得前面列出的所有活动都很无聊吗?你都尝试过了吗?也许你需要找个人一起运动,这样会有更多乐趣。或许你需要交替进行两种不同类型的运动,以激发自己的兴趣。

"出门运动太不方便了。"这其实不是问题,因为有好几种方法可以让你在家里舒适地完成高强度的运动。室内动感单车和电动跑步机已经非常流行。在家健身既方便又有趣——网上有许多免费或低价的健身课程。其他室内活动,包括运动踏板、健美操、划船机或使用可调节重量的综合健身器械。又或者只是放些动感音乐,随之舞动20分钟。

有人可能会问:"运动会引起乳酸堆积,这不会引起惊恐发作吗?"运动确实会导致乳酸生成量增加,然

应对焦虑

而，规律的运动也会加快体内的有氧代谢。有氧代谢是身体通过氧化来清除废物的能力，也包括消除乳酸。任何由运动引起的乳酸堆积，都会被同时增强的消除乳酸能力所抵消。有规律的运动的净效应可以在总体上减少你体内的乳酸堆积。

有人说："我已经60多岁了，太老了，锻炼不动了。"除非医生给了你一个明确的不运动的医学理由，否则年龄永远不是一个不运动的合理借口。

有人说："我太胖，身材走样行动不便。"或者"如果剧烈运动对我的身体造成了负担，我恐怕会心脏病发作。"如果你的身体状况需要你留意心脏负荷，那么你的运动计划务必遵从医生的指导。快步走几乎对所有人来说都是一种安全的运动，一些医生认为这项运动十分理想，因为它很少引起肌肉或骨骼损伤。即使你身材走样或超重，游泳仍是一个安全选项。无论你的运动计划是每天步行一小时，还是马拉松训练，重在坚决，贵在

第5章
规律运动

坚持。

有人说:"我尝试过运动了,但没用。"此处就要弄清楚,它为什么没用。或许现在正是时候——你要给自己一个机会,去发现规律的运动对身心的各种益处。

在本书所介绍的克服焦虑、忧虑和恐惧的全面方案中,规律的运动是其中一项基本内容。如果把规律的有氧运动和深度放松(见第1章)结合起来,无疑能够大幅度改善广泛性焦虑。人有一部分焦虑倾向是与生俱来的,而非后天习得,这就是由遗传决定的焦虑易感性。而运动和深度放松是两种能够降低焦虑易感性的有效方法。

第6章

合理饮食

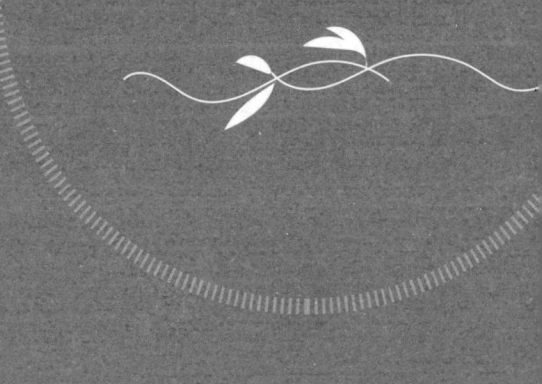

应对焦虑

饮食成分，摄入时间、方式和数量的选择对我们的抗焦虑能力有重大影响。一般来说，以纯天然食品为主的均衡、适度、规律的饮食能给予身心健康最佳支持。本章将讲解咖啡因、糖、营养补充剂、微量元素均衡和血糖水平对焦虑的影响作用。

♡ 咖啡因恐慌

咖啡因的摄入，尤其是以咖啡饮料形式的摄入，在美国的文化中至关重要，甚至可以说是步入成年的标志。

虽然咖啡因通常被视为一种抗疲劳成分，但无论何种形式的咖啡因，都能从生理上引发易焦虑状态。摄入咖啡因会增加神经递质多巴胺和去甲肾上腺素，令你保持警觉和清醒，而且它能刺激交感神经和肾上腺素分泌，和压力对神经的刺激如出一辙。此外，摄入咖啡因会消耗身体抵抗压力所需的维生素B_1（硫胺素）。简而

第6章
合理饮食

言之,摄入过多的咖啡因会让你长期处于紧张、兴奋的状态,让你更容易焦虑。

一般情况下,你要将自己的每日咖啡因总摄入量限制在100毫克以下,以尽量减少其促进焦虑的作用。也就是说,一个人每天最多喝一杯浓缩咖啡或一两杯健怡可乐饮料。

不过请记住,每个人对咖啡因的敏感度不同。与任何成瘾性药物一样,长期摄入咖啡因会导致身体对它的耐受性增加,并有可能出现戒断症状。最好是在几个月的时间里,逐渐减少摄入量。

♡ 低血糖症

每个美国人平均每年消耗近120磅(1磅≈0.45千克)糖。由于我们的身体没有进化到能够快速处理大量的糖分,所以长期糖代谢不平衡往往会导致不良后果。对一些人来说,这意味着高血糖,也就是糖尿病。近年来糖

应对焦虑

尿病患者大量增长。然而，对更多的人来说，问题恰恰相反：周期性的血糖过低会引发低血糖症。

当你的血糖值降到2.8毫摩尔/升以下，或突然从血糖峰值掉到低谷的时候，就会出现低血糖的症状，这通常发生在饭后2~3小时。它也可能仅仅是对压力的反应，因为你的身体在压力下会急剧地消耗糖分。一些最常见的低血糖症状有头晕、神经紧张、颤抖、站不稳或虚弱无力、烦躁和心悸。

这些症状听起来熟悉吗？这些症状都是焦虑症状！事实上，有些人的焦虑症状其实可能是低血糖引起的。一般来说，吃东西导致血糖升高，之后焦虑感就会减弱。一种非正式的、非临床上的低血糖诊断方法是：你在饭后三四个小时后是否出现过任何上述焦虑症状，以及这些症状是否在你进食后很快消退。

如果你怀疑自己低血糖，或者已经被正式诊断患有低血糖症，你就可能需要实施以下饮食调整方案。这样

第6章
合理饮食

的调整可以减轻广泛性焦虑并保持内心的宁静。你可能还会发现,自己从此不那么容易抑郁或情绪波动了。

- 尽可能从你饮食中剔除任何形式的单糖[①]。
- 用水果(水果干除外,因为它含有高浓度的糖分)替代糖果。要避免饮用果汁,或先用等量的水稀释果汁后再喝。
- 减少或剔除精淀粉类食物,如意大利面、精制谷物、薯片、白米和白面包。用复合糖类食物代替精淀粉类食物,如全麦面包、麦片、蔬菜、糙米或其他全谷物。
- 在两餐之间要吃一份富含复合糖类和蛋白质的零食,以保持血糖水平的稳定。作为吃零食的一种

---

① 单糖指单独的未被联结的糖,可以在成熟水果、蔬菜、蜂蜜以及其他所有包含各种葡萄糖和果糖的食物中找到。——编者注

应对焦虑

替代方案，你也可以试着少食多餐，用每天吃四到五小餐取代一日三餐，两餐间隔不要超过3个小时。

♡ 酸碱平衡

素食主义的饮食方法可以促进镇静，减少焦虑倾向。但如果你习惯吃肉、奶制品、奶酪和蛋制品，则没有必要只吃素，甚至不建议放弃饮食中的所有动物蛋白质来源。例如，仅仅不吃红肉或限制红肉的摄入量，或者减少牛奶的摄入量（并使用豆浆或米浆代替）明显有助于稳定情绪。

为何长期素食能使人变得性情更加平和？红肉、家禽、奶制品、奶酪和鸡蛋，以及糖和精制面粉产品，都是酸性食物。这些食物的成分不一定是酸性的，但经过代谢之后会在体内留下酸性物质，使人体环境变得更加酸性。减少摄入产酸食物，有益于维持体内酸碱平衡。

第6章
合理饮食

———

最常见的碱性食物包括所有的蔬菜，大部分的水果（李子、葡萄干和梅子除外），粗粮（如糙米），小米和荞麦以及豆芽。理想情况下，你消耗的卡路里中应该有50%到60%来自这些食物。请尝试在你的食谱中加入更多的碱性食物，看看是否会有新的体验。但是饮食中多摄入碱性食物不意味着减少蛋白质的摄入。

♡ 更多蛋白质，更少糖类

糖类被人体吸收后，在人体内转化成单糖（如葡萄糖）。葡萄糖是糖能为人体和大脑直接供能的唯一形态。为了将葡萄糖转运到细胞内供身体利用，胰腺会分泌胰岛素。摄入过量糖类，意味着身体会产生过多的胰岛素，而过多的胰岛素会对人体最基本的激素和神经内分泌系统产生不良影响，特别是那些产生前列腺素和血清素（5-羟色胺）的系统。

简而言之，食用大量的糖，麦片，面包，通心粉，

应对焦虑

谷物（如大米）或淀粉类蔬菜（如胡萝卜、玉米和土豆）都会使你的胰岛素水平提升到不利于身体健康的地步。解决方案不是杜绝糖类，而是根据你所消耗的蛋白质和脂肪量，按比例地减少摄入量，且不增加饮食中的卡路里摄入总量。

这样一来，最终你饮食中的脂肪或蛋白质比例不会过高。相反，你将继续适量食用脂肪和蛋白质，同时减少每餐中糖类的分量。它们的最佳配比应该是30%的蛋白质、30%的脂肪和40%的糖类，其中植物性来源的蛋白质和脂肪比动物性来源的蛋白质和脂肪更适宜。

♡ 草药和维生素补充剂

草药是以植物为基础的药物，数千年来一直是医疗保健中不可缺少的一部分。实际上，当今约有25%的处方药仍以草药为基础。草药的效果往往比处方药

第6章
合理饮食

来得更缓慢、温和。如果你已经习惯了阿普唑仑[①]等处方药快速而强烈的效果，就需要对草药缓慢的治疗效果有耐心。草药最重要的优点是它们能在身体里自然、和谐地发挥作用，而不是像合成药物那样强制产生某种生化变化。

一些草药被发现对放松和缓解压力有益，比如卡瓦根、缬草、西番莲和积雪草。

尽管草药疗法有这些优势，但请务必记住，纯天然并不意味着没有风险。在尝试上述任何一种草药或进行任何其他草药治疗之前，请务必咨询医生。复合维生素B、维生素C和胶原蛋白多肽-铬螯合物（例如吡啶甲酸铬，通常称为葡萄糖耐量因子）也可以帮助稳定血糖。复合维生素B和维生素C可用于增强身心的抗压能力。

[①] 阿普唑仑用于治疗焦虑症、抑郁症、失眠，可作为抗惊恐药。
——编者注

第 7 章

自我滋养

应对焦虑

自我滋养意味着日常要有充足的睡眠、娱乐和休息时间。这也意味着你要为这些事项进行规划,留出时间。花时间自我滋养可以为你带来能量、平静感和耐力,而这些正是你追寻自己想要的生活、完成日常工作和目标所需要的。它也会带来更平稳、更安详的人生观,这是缓解焦虑的基础。

有些人认为自我滋养是一种奢侈,他们负担不起。然而,一定要记住,自我滋养在你的日程安排中不应该仅仅是锦上添花,而一定要作为日常惯例。

♡ 安排休息时间

休息时间,顾名思义就是从工作或其他任务中抽出时间,给自己一个休息和补充能量的机会。如果没有休息时间,你在处理工作或其他任务时所承受的压力会累积起来。这些压力不停地积攒,让你没有任何喘息的机会。晚上睡觉不算休息,因为如果你睡觉时仍然怀有

第7章
自我滋养

压力,即使可能睡够了8个小时,但醒来时仍然感到紧张、疲惫且充满压力。

休息的主要目的只是让压力的循环中断,防止你的压力越攒越多。最理想的情况是,你应该每天至少有一个小时的休息时间,每周至少有一天休息,每12周到16周至少休息一周。

在休息期间,你应该从所有的工作任务中解脱出来,不要接电话,除非你知道电话那头是你想要联络的人。

休息时间有三种类型:"躺平"时间、娱乐时间和关系时间。

"躺平"时间是你把所有事务都放在一边,自己随心所欲的时间。你停止行动,让自己完全"躺平"。"躺平"时间也许包括躺在沙发上什么也不做、安静地冥想、瘫在躺椅上听宁静的音乐,或者在浴缸里泡澡。"躺平"时间的关键是,它完全是被动的。你允许自己

应对焦虑

什么也不做，只做自己就好。当代社会鼓励我们追求效率。在醒着的每一刻里，我们总是得完成越来越多的事情。"躺平"时间是一种必要的平衡。

娱乐时间是花在自我娱乐的活动上的时间，也就是说，可以使你恢复能量的时间。娱乐时间让你精神振奋。本质上，它是做任何你觉得有趣或好玩事情的时间。

关系时间是你为了享受与另一个人相处，或者在某些情况下，为了享受与另一些人相处的时间，抛开个人目标和任务的时间。关系时间的重点是尊重你与伴侣、孩子、大家庭其他成员、朋友或宠物的关系，暂时放下你的个人追求。

花些时间思考一下，你可以如何为"躺平"时间、娱乐时间和关系时间三种类型的休息时间分配更多的时间。把你的答案写在笔记本上。

第7章
自我滋养

♡ 调整节奏

自我形象和个人理想往往与身体的需要相矛盾。你今天感受到的压力水平直接反映了你之前透支身体的程度。放慢节奏以及在一天之中短暂休息几次，是两种着手改变不健康习惯并与自己更和谐相处的方式。

调整意味着以最理想的节奏生活。每天安排太多工作、不休息，会导致疲惫、压力、焦虑，甚至可能生病。安排太少的工作会使人感到无聊并且过度关注自我。许多有焦虑问题的人倾向于步调过快，只为能跟上这个社会的脚步——它要求我们付出更多以获得更多成就，为了超越自我不惜一切代价。正如你不会按照邻居、堂兄或配偶的尺寸给自己买衣服，你也不应该设计一张可能对别人有用，但对你自己没用的生活日程表。

想获得更深层次的放松和内心平静就要规划好日程，在工作之余留有时间休息、反思和放松。如果你习

应对焦虑

惯于终日奔忙,可以试着放慢速度,在每个小时或者至少在每两个小时里给自己留出5分钟到10分钟的休息时间。当你从一项工作转换到另一项工作时,短暂休息会特别有益。

问问自己是否可能是一个工作狂。工作狂是一种令人上瘾的疾病,其特征是对工作的不健康沉迷。而那些深陷其中的人会觉得工作是唯一能够带给他们内心满足和自我价值感的东西。他们将所有的时间和精力都投入到工作中,忽略自己的生理和情感需求。

如果你是一个工作狂,或者有工作狂的倾向,就要着重学习享受生活中除工作以外的方面,找到一种更平衡的生活方式。

有时候,你只需要少做一些。也就是说,你要做到愿意真正减少你每天处理任务和事务的数量。考虑一下如何改变你自己的价值观,更注重你在当前生活环境中的生活过程(你的生活方式),而不是你的成就和生产力

第7章
自我滋养

（你实际做的事情）。这是一个可以在笔记本中探索的好主题。阅读之余放松片刻，写写你怎样才能做得更少。

♡ 夜晚睡个好觉

现代社会的"24/7"[1]的节奏，常常破坏健康的睡眠模式。对一些人来说，睡个好觉几乎是一种奢侈，但充足的睡眠对人的整体健康至关重要。睡眠不足既可能是焦虑的原因，也可能是焦虑的后果。重要的是你要记住，睡眠与适当的营养、定期运动一样，都是身心健康不可或缺的组成部分。这里有一些可以帮助你保持健康的睡眠习惯的指导原则。

你要做到以下几点：

---

[1] 24/7意味着每时每刻。24/7是一天24个小时，一星期7天的缩写。
——编者注

应对焦虑

- 在白天健身、运动。
- 按时睡觉和起床。
- 培养睡前仪式,也就是你每晚睡觉前习惯完成的一些活动。
- 减少噪声。如有必要,使用耳塞或屏蔽有噪声的机器,如风扇。
- 遮挡不必要的光线。
- 使室温保持在18摄氏度到21摄氏度。
- 使用质量好的床垫。
- 如果你的伴侣打鼾、踢腿或辗转反侧,那就分开睡。
- 享受身体和情感上令人满意的性生活。
- 必要时看心理咨询师。
- 在一天的最后一两个小时避免剧烈的体力或脑力活动、情绪波动等。
- 睡前试着洗个热水澡。

第7章
自我滋养

不要做以下几点：

- 强迫自己睡觉。如果你在床上躺了20分钟到30分钟还不能入睡，那就起床，做一些放松活动，直到你困了再回到床上。
- 睡前饱餐或饿着肚子上床。
- 睡前大量饮酒。
- 摄入过量的咖啡因。
- 抽烟。
- 在床上进行与睡眠无关的活动（性除外）。
- 在白天小睡。
- 害怕失眠。要努力接受有时你就是会睡不好的现实。

提高睡眠质量的方法包括：

应对焦虑

- 在医生或健康专家的指导下，尝试一些促进睡眠的天然补充剂。使用时，不要超过推荐的剂量，并且在服用之前一定要和你的医生进行讨论。
- 为了放松紧张的肌肉或混乱的思维，使用深度放松技巧。具体来说，渐进式肌肉放松或跟着录像做视觉想象练习会很有用（见第1章和第2章）。
- 试着改变床垫的软硬度。
- 如果是由于疼痛导致失眠，试试止痛药。在疼痛的情况下，止痛药比安眠药更合适。

尽管生活中有起有落，甚至会出现突然的、意想不到的挑战，你仍然可以通过每天为自己做一些小事来缓解忧虑，并建立一种内心的安全感。这首先需要你在工作和家庭责任之外抽出时间来滋养自己。在与自己建立爱的关系和与他人建立亲密关系之间并没有太大不同。两者都需要时间、精力和承诺。定期让自己彻底放松是方法之一。

第 8 章

简化生活

应对焦虑

现代人的焦虑来自过度的财物和时间负担以及过度的物质消费。尽管这种过度是我们时代的特征,但事实上我们的生活越简单、越充实,幸福感才会越深刻。

简化生活对你没有时间和财力上的要求。那些要求只会耗尽你的资源而不是使你以某种方式充实地生活。简化生活可以被视为一种生活方式,使你在时间和金钱上获得更好的回报。

♡ 简化生活的要素

简化生活无法用简单公式来定义。每个人都可以探索着用自己的方式化繁为简,减少不必要的负担。

近年来有迹象表明,越来越多的人赞成简化生活。自2008年美国开始经济衰退以来,越来越多的人发现有必要消费降级和简化生活。然而,让生活方式更加简单的趋势已经流行了至少25年。

以下是一些简化生活的指南。有些改变你可以立即

第8章
简化生活

完成,另一些则需要你付出更多的时间和努力。请记住,简化生活的目标是把自己从那些消耗你的时间、精力和金钱的事情中解放出来,因为做这些事既不能满足你的基本需求,也不能维持你的精神生活。

降低生活标准

住较小的房子有两个好处。第一,在没有充足收纳空间的情况下,不会采购大量家当。第二,较小的空间花费的清洁和维护时间较少,并且通常更便宜。

断舍离

囤积没有实际价值或用处的东西很容易,但是这样做只会造成混乱。查看你的杂物,判断哪些是有用且值得保留的,哪些只是白白占用了空间。一般来说,为减少杂乱,请扔掉一年以上未使用过的所有东西,当然,那些具有情感价值的物品除外。

应对焦虑

做自己真正想做的事

做自己真正想做的事可能需要花费时间、冒险和努力。你可能要花费一到两年的时间再培训或置办新装备，才能开始一份新的职业。根据我们的估算以及前人的实际经验，转行所花费的时间、精力和波折都是值得的。

缩减通勤

减少或摒弃通勤是简化生活最重要的改变之一。不用想我们都知道每日的高峰通勤会给自己增添多大压力。移居到离工作地点较近的地方，或者选择在一个较小的城市生活，可以帮你缩减通勤。

减少使用电子设备的时间

电视上确实有很多好看的节目，并且互联网是交流信息的好工具。虽然坐在屏幕前可以分散人们对焦虑的

第8章
简化生活

注意力，但它也会阻碍你与自然、他人或自己重建更深层的联系。使用电子设备的时间应该适度，否则过多的刺激会加剧焦虑，切断人与多个层面的精神联系。

亲近大自然

与大自然亲密接触，它的景象、声音、气味和能量可以帮助你更好地与自己保持连接。如果可能的话，请尝试与大自然重新建立持续的连接，这是现代文明似乎已经失去了的。

来电管理

许多人觉得他们必须在电话或手机铃声响起时立即接听，不管当时是什么时间或者他们的心情如何。请记住，接电话不是必需的。你可以用语音信箱接听电话，等你准备好全神贯注地交流时再回复对方。

应对焦虑

将日常琐事授权处理

即使只是把一件你不喜欢做的事情交给别人去做，比如打扫房屋或整理院子，你也会感到大有不同，因为这样做给日常生活平添了几分轻松。如果钱是个问题，有没有一些家务事是你的孩子也可以学着替你做的呢？也许你可以让其他家庭成员帮忙做饭、打扫院子或者房间。

学会说"不"

"不"并不是一个肮脏的词语。许多人总能满足朋友、家人和同事的需求，并引以为豪。但问题是，这种始终提供帮助的最终结果是筋疲力尽。当有人对你提出时间、精力或其他任何方面的要求时，请先想一下，回答"是"是否符合你和对方的根本利益。

第8章
简化生活

问卷：简化你的生活

现在轮到你了。花些时间来思考可以简化生活的办法。为了做到这一点，请你问自己以下几个问题：

- 在1到10的范围内，1代表极其简单，10代表极其复杂，评估你目前的生活方式，你认为它处于哪一水平？
- 在过去的一年里，你有没有优化自己的生活安排，让生活变得更简单？如果有改变，想一下你改变了什么？
- 总的来说，为了简化你的生活，你想做出哪些改变？
- 在接下来的一年里，你乐意为了简化生活而做出哪些改变？

第 9 章
跳出忧虑的旋涡

应对焦虑

过度忧虑通常会形成一种消极的思维旋涡，随时将你卷入焦虑的中心。当你被困在过度忧虑的旋涡中时，你会倾向于反复思量可知危险的各方各面，直到头脑无暇旁顾，不能自拔。使你难以释怀的忧虑内容可能看似令人信服，因此只有坚定地执行内心意愿，才能帮你摆脱它。你需要倾尽全力，才能逃出忧虑的旋涡，转向其他思维模式。专心做事或关注自身以外的事物，不过分思虑，这是很好的阻断忧虑旋涡的方法。想努力摆脱过度忧虑，一开始可能会很难，但经过练习会变得容易。

♡ 转移自己对忧虑的注意

把自己从忧虑的旋涡中拉出来，需要把注意力从大脑里的想法转移到现实中。你需要专心投入到一个项目或一项活动中，这样你的注意力就会从对未来的、或许存在的危险的恐惧，转移到完成当下的任务上。以下是实现它的方法列表：

第9章
跳出忧虑的旋涡

- 锻炼身体。
- 与人交谈。
- 做20分钟的深度放松练习。
- 听一些打动人心的音乐。
- 做一些能立刻使自己感到愉悦的事情（比如，洗个热水澡，看一部有趣的电影或者做个背部按摩）。
- 从视觉上转移注意力（比如看电视或电影）。
- 展示你的创造力。
- 找到一种积极的爱好来转移你的注意力（比如拼图或游戏）。
- 重复积极的自我肯定词语。

♡ 认知解离

认知解离描述了一系列从接纳承诺疗法（Acceptance and Commitment Therapy，简称ACT）中衍生出来的技术。当你与你的想法"融合"在一起时，你倾向于

应对焦虑

相信它们,就好像它们是绝对的真理,即使它们只涉及一些尚未发生(也不太可能发生)的危险。

此种"融合"的问题是,被认为是绝对正确和真实的东西,其实仅仅是头脑中一连串的词语和图像。所以解脱的办法就是不要再总是相信自己的想法。

认知解离是一个从无用的想法中解脱出来的过程。当你从那些想法中抽离出来时,你就会认识到它们的本质——只不过是你头脑中的一堆词语和图像。

认知解离的初始步骤,只是简单地提问并留意自己在想什么。你也许会问自己:

- 好吧,现在我的大脑在告诉我什么?
- 此刻我在想什么?
- 我能留意一下自己在说什么吗?
- 我正在做的评判是什么?

第9章
跳出忧虑的旋涡

一旦你确定了自己的想法，就把它们写下来。然后下一个要问的重要问题就是它们是否对你有帮助，它们是否对解决你的问题管用。与认知行为疗法不同的是，认知解离技术不那么关心每个具体想法是否正确，它更关心这个想法是否可行。这个想法是否对你有用，是否能给你带来更丰富、充实、有意义的生活（而不是导致更多的压力和痛苦）。

下面是一些常见的认知解离技术。

- 留意此刻大脑与你的对话。回想一下这个问题："我的大脑正在对我说什么？"
- 当你感到烦恼时，留意你的想法，并把它们写在一张小卡片或白纸上。
- 给其中一个想法加上括号。给这个你注意到的想法加上这样的开头："我有这样的想法……"
- 想象漂浮在溪水上的树叶。想象一条缓慢流动的

应对焦虑

溪流，自己在岸边临水而坐。有树叶落入溪流，从你身边漂过。现在，在接下来的几分钟里，把每个浮现在你脑海里的想法，不论你是否喜欢它，都把它放在一片落叶上，让它从你身边漂过。
- 观察你的这些想法。放松，把注意力集中在身体上，做一分钟的腹式呼吸练习。现在把注意力转移到你的想法上：它们在哪儿？它们所在的空间位置在哪里？它们在你的脑子里吗？他们漂浮在你意识的精神空间里吗？还是在别处？
- 想象一块电脑屏幕，你的想法正显示在这块屏幕上，你可以更改它们排版所用的字体、颜色和格式。把这些图文变成动画。
- 把大脑里的想法唱出来。例如，把"我是个失败者"这个想法填在《生日快乐歌》的旋律里唱出来（这是比较搞怪的认知解离技术之一，不管你喜不喜欢，它对许多人都很有效）。

第9章
跳出忧虑的旋涡

- 考虑这些想法的可行性。你可以这样问自己："如果我跟随这个想法,接受它,让它控制我,那么我将会怎样?""我接受这个想法能让我得到什么?""相信这种想法能让我过上更好、更有意义的生活吗?"

♡ 焦虑暴露法

焦虑暴露法(worry exposure)是想象暴露疗法的形式之一(请参见第4章)。练习时,你要详细地想象关于特定焦虑的最坏情况。例如,考试不及格、工作面试或演讲表现不佳。暴露的目的是反复想象令人焦虑的情境,直到它让你感到无聊或厌倦为止。

为了进行焦虑暴露,首先想象一下与焦虑相关的可能发生的最坏情况,把它详细地写出来。从头到尾列出这种情况的全部细节。想象最坏的情形时,你要有创造力,并调动所有的感官,包括视觉、听觉、触

应对焦虑

觉甚至嗅觉。

请注意,如果你刚开始想象最坏的情况就激发了过度焦虑,那么在进阶到最困难的情境之前,要先从激发的焦虑程度较轻且较容易应付的情境开始暴露。不过,为了能达到焦虑暴露脱敏的目的,你所想象的情境要能使你感到焦虑,这很重要。

请按以下步骤进行焦虑暴露训练:

第一步,放松直到感到舒适。

第二步,慢慢阅读你所创作的忧虑情境剧本。

第三步,闭上眼睛,将情境视觉化10分钟到15分钟。逐步完成想象步骤,不是作为旁观者,而是积极的参与者。

第四步,每周练习第三步数次,每次的时长从10分钟到20分钟不等。

第五步,每当计时器走完,你已完成本次焦虑暴露训练时,请花几分钟时间来想象另一种情境,在那种情

第9章
跳出忧虑的旋涡

境下你将应对得更好。请确保在想象新情境之前你已经完成了本次情境的暴露任务。

♡ 推迟忧虑

试着过一会儿再担忧,既不是完全停止忧虑,但也不沉浸其中。从某种意义上说,你只是使忧虑或强迫的想法确信你只是忽略它们几分钟,但是稍后你会回去关注它们。

当你第一次尝试使用这个策略时,请试着只推迟忧虑一小会儿,也许是2分钟到3分钟。然后,等之前设置的时间到了,尝试再次推迟忧虑一小段时间。当该时段结束,请设置另一段指定时间以拖延忧虑。该策略的诀窍是尽可能长时间地推迟忧虑。通常,你可以将特定的忧虑推迟足够长的时间,直到你的注意力转移到其他事情上。

推迟忧虑是一种可以通过练习提高的技能。与其他

应对焦虑

消除忧虑的技巧一样，推迟忧虑的技巧将增强你对处理各种忧虑和跳出忧虑旋涡的能力的信心。

♡ 采取有效行动

为了通过求职面试、发表演讲或长时间飞行而担忧可能比真正经历这些事更具压力。那是因为身体里的"战斗或逃跑"系统无法区分对情境的幻想与情境本身。制订一个行动计划，这个简单过程将转移你对烦恼的关注。

制订应对忧虑的计划

想想最让你担忧的是什么。在你的忧虑中，哪一项对你来说具有最高优先级，要立即采取行动？

第9章
跳出忧虑的旋涡

如果你准备好了并愿意采取行动,请按照以下步骤进行操作。

第一步,写下让你担心的特定情境。

第二步,列出对该情境可能有效的对策和改善方法。把它们写下来,即使它们现在似乎超出了你的能力,甚至不可能实现。还可以请家人和朋友帮你出主意。

第三步,考虑每一种可能性。哪些情境是不可能实现的?哪些情境可行但难以实施?在它们的后面打问号。哪些是你可以在一周或一个月内办到的?在它们的后面打钩。

第四步,和自己订立合约,完成所有打钩的事项,并设置精确的完成期限。完成打钩的项目之后,再继续执行更困难的项目,同样和自己订立类

应对焦虑

似的合约,并在规定的日期之前完成。

第五步,现在是否还有其他原本看起来不可能的项目可以完成?如果有,要与自己订立合约,同样要在规定日期内完成。

第六步,将全部合约完成后,问问自己境况是如何改变的。你的忧虑得到解决了吗?如果问题尚未解决,请把这个过程再完成一遍。

第10章
心理急救策略

应对焦虑

企图抵抗或摆脱焦虑很可能会让事情变得更糟。重要的是,要避免因为焦虑或企图让焦虑消失而产生紧张反应。关键是要接纳焦虑的症状。面对焦虑,通过培养一种接纳的态度,我们允许焦虑产生再消失。焦虑是由肾上腺素分泌突然激增引起的。只要你顺其自然,接纳这些由情绪波动引起的生理反应(如心悸、胸闷、手心出汗、头晕),它很快就会过去。

接纳焦虑的初始症状至关重要,但接着就该采取行动。当焦虑出现时,首先一定要接纳它,然后意识到自己可以积极做很多事,将原本用来焦虑的精力转移到建设性的行为上。总之,不要试图和焦虑做斗争,但也不要什么都不做。

应对眼前的焦虑,有三类活动值得推荐:①应对策略,即主动抵消焦虑或转移注意力的技巧;②应对陈述,这是一种心理技巧,旨在将你的注意力从充满恐惧的自我对话中转移,并用积极的陈述取代它;③自我肯

第10章
心理急救策略

定,它的用法和应对陈述类似,但意在发挥更长时间的作用。

♡ 使用应对策略

应对策略对于在早期(即在累积大量的情绪冲动之前)阻断惊恐发作、广泛性焦虑(过度担忧)或因强迫症而产生的重复性强迫思维相当有用。但有一种情境我们不建议你使用应对策略,那就是为了克服恐惧而进行完全暴露训练的时候。

前几章已经介绍了一些应对策略。你会发现,对焦虑有用的策略远不止这些。许多其他的主动应对策略都有助于处理各种程度的焦虑,从担忧、轻度不安到恐慌。此处再介绍一些流行的策略。

与你身边的支持者聊一聊,或者通过电话与人交流。无论是面对面还是用手机通话交流,都会帮助你将注意力从焦虑引发的生理症状和想法上转移开。

应对焦虑

四处走走或进行一些日常活动。不要抵触由于焦虑产生的正常的生理唤醒反应,而是让身体跟随焦虑动起来。散步、做家务或享受园艺的乐趣,都是通过体力活动排解焦虑导致的行为冲动的绝佳方式。

关注当下。活在当下,专注于外部事物将有助于减少你对不适的生理症状或灾难性思维的关注。如果可能的话,你可以试着触摸手边的物体来增强存在于当下的感觉。

使用简单的分心技巧。有许多简单、重复的行为可以帮助你分散注意力,从而远离焦虑。以下是一些你可以尝试的活动:

· 取出一块口香糖,嚼一嚼。
· 从数字100开始,隔两个数一组倒数:100,97,94,依此类推。
· 数数在超市门口排队的人数(或周围所有的队

第10章
心理急救策略

列数）。

- 数数钱包里的钞票金额。
- 开车前，数数方向盘表面有多少个凸点。
- 用圈在手腕上的橡皮筋弹自己，这或许可以帮你摆脱令人焦虑的想法。
- 洗个冷水澡。
- 歌唱。

需要再次说明的是，分心技巧可以帮助你应对突然出现的焦虑或担忧。然而，不要让分心成为逃避焦虑的一种方式。

对焦虑生气。愤怒和焦虑是不相容的情绪反应，人不可能同时体验这两种情绪。事实证明，在某些情况下，焦虑是更深层的愤怒或沮丧感的代名词。如果你在焦虑的那一刻就开始生气，则可以阻止其进一步加剧。

一些众所周知的表达愤怒的有效技巧包括：

应对焦虑

- 在床上用双拳捶打枕头。
- 把脸埋在枕头里尖叫,或独自在门窗紧闭的汽车里尖叫。
- 用塑料棒球棍击打床垫或沙发。
- 将鸡蛋扔进浴缸(扔完记得冲洗清理干净)。
- 劈柴。

请记住,在表达愤怒时,让它指向无人区域或没有生命的物体,而不是指向他人,这非常重要。要摆脱用肢体或语言向他人,尤其是你所爱护和关心的人表达愤怒的做法。

体验令人愉悦的事物。正如愤怒和焦虑是不相容的反应一样,愉悦感也与焦虑状态不相容。以下任何一项措施都可以帮助你缓解焦虑、担忧甚至恐慌:

- 让你认为对你重要的人或配偶抱住你(或为你

第10章
心理急救策略

按摩背部）。
- 用热水淋浴或泡澡,在浴缸里放松身心。
- 吃点零食或小点心。
- 尽情享受性爱。
- 阅读幽默书籍或观看喜剧视频。

尝试进行认知转变。尝试以下任何想法都有助于转变,能帮你放下忧虑或焦虑的想法:

- 允许自己轻松一点儿。
- 将难题转交给拥有更高权限的人。
- 相信事情早晚会结束。相信"一切都会过去"这种说法。
- 意识到事情不太可能会像你所预期的那样糟糕。
- 认识到解决问题是通往治愈康复之路的一部分。
- 切记不要责怪自己。你正在尽你所能,这就足够

应对焦虑

了,每个人都只能尽其所能。
- 与所有经历过类似焦虑的人共情。记住,你并不孤单。

♡ 使用应对陈述

应对陈述旨在重新定向(并重新训练)你的思维,摆脱可怕的自我对话"如果……怎么办",转而用更加自信、舒服的姿态来应对焦虑。经过一段时间的反复练习,你最终会把这些应对陈述内化,于是当你再次面临焦虑或忧虑时,它们就会自动浮现在你脑海中。

以下是一些针对恐怖情境的应对陈述:

- 今天,我自愿跳出我的舒适区。
- 这是我学着去适应这种情境的机会。
- 直面对_____的恐惧,是摆脱相关焦虑的最好方法。

第10章
心理急救策略

- 每当我选择面对＿＿＿＿＿＿＿时，我朝着摆脱恐惧的方向又迈出了一步。
- 通过立即执行此步骤，我最终将能够做到我想做的事。
- 做这件事的正确的方法并不存在，无论是什么样的过程都很好。

以下是一些针对令人恐惧的情境的应对陈述：

- 我以前已经成功搞定过这种状况，我现在仍然可以搞定它。
- 放松，不紧不慢地做事，不必催促或逼迫自己。
- 我不会遇到什么严重状况。
- 我可以慢慢来，我只需完成我今天准备好要完成的部分。
- 我会没事的，我以前已经成功过。

应对焦虑

以下是一些针对困顿感的应对陈述:

- 我只是不能现在就离开,这并不意味着我被困住了。我可以暂时放松一下,稍后再离开。
- 被困住了的想法只是一个想法,我可以放松一下,放下这个想法。

以下是一些有关焦虑或恐慌的情境的应对陈述:

- 我可以应付这些症状或感受。
- 这些感受(感觉)只是在提醒我要使用应对技巧。
- 我可以从容地等这些感受(感觉)过去,此刻我值得让自己感觉良好。
- 这种感受(感觉)只是肾上腺素造成的——它会在几分钟后消失。
- 这种感受(感觉)很快就过去了。

第10章
心理急救策略

- 我可以解决这个问题。
- 这些感受（感觉）只是些想法，并不是现实。

最好将自己喜欢的陈述语句写在一张小卡片（或多张小卡片，只要你喜欢）上，然后将它存放在钱夹或手袋里，或贴在你的汽车仪表盘上。每当你持续感到焦虑时，请拿出小卡片读一读。请记住，你需要勤加练习使用应对陈述，这样才能将其完全内化。

♡ 自我肯定

应对陈述和前文提到过的应对策略，都可以帮助你减轻当前的焦虑情绪。自我肯定着眼于当下，但也有长远的影响。它们可以帮助你改变某些长期存在且往往令人焦虑的内心信念。它们的目的是帮助你在面对焦虑时，培养出更具建设性且能够自我赋能的态度。

自我肯定旨在帮助你改变那些使你焦虑的核心态度

应对焦虑

和信念。在几周或几个月的时间里坚持每天练习，这会把你对恐惧的基本看法转向建设性的方向。以下是一些尝试进行自我肯定的范例：

- 顺其自然。
- 这只是些想法——它们会逐渐消散。
- 我正在学着不要滋长忧虑——选择一种平和的态度而不是恐惧。
- 当我了解大部分现实状况时，会发现没有什么可怕的。
- 我是完整的、放松的、无忧无虑的。

焦虑管理笔记

当焦虑使你不堪重负时，请参阅本章以获取快速应对策略。利用这里的笔记，列出对你最有效的新技术和方法（包括它们在本书中所在的页数），这样你就可以快速、轻松地查找并使用它们。

作者简介

埃德蒙·伯恩

从事焦虑症、恐惧症和其他应激相关障碍的治疗工作20余年,曾任加利福尼亚焦虑症医治中心主任。撰写的自助书籍已经帮助了100多万人,并且被翻译成多种语言。

洛娜·加拉诺

专业心理咨询师,知名心理治疗专家。长期关注焦虑症的治疗,擅长利用认知行为疗法治疗焦虑症。所著多本心理治疗书籍,并且被翻译成多种语言。她还是"安逸飞行"项目的创始人,该项目旨在帮助患有乘机恐惧症的人。